AF494729

LE BLÉ

LES GRENIERS AÉRATEURS

LE BLÉ

LES

GRENIERS AÉRATEURS

PAR

JOHN WILKS

PARIS

GUILLAUMIN ET Cie, ÉDITEURS

De la Collection des principaux Économistes, du Journal des Économistes,

*Du Dictionnaire de l'Économie politique, du Dictionnaire universel
du Commerce et de la Navigation, etc.*

RUE RICHELIEU, 14.

1867

AVANT-PROPOS

Le travail que je soumets à l'appréciation des
économistes, des agronomes, des propriétaires terriens
et des capitalistes a déjà été esquissé par moi dans
plusieurs feuilles périodiques anglaises et françaises.

Écrits au jour le jour, ces articles manquaient
naturellement de la cohésion et de la méthode dési-
rables.

Quelques amis m'ont demandé d'en réunir la substance essentielle dans une brochure qui profiterait de
tous les matériaux, documents et preuves fournis par
l'expérience de plusieurs années.

J'ai acquiescé avec d'autant plus d'empressement à
ce vœu que, dans la pratique, le GRENIER AÉRATEUR a

répondu brillamment à toutes les espérances conçues par l'inventeur, et qu'il a dépassé tous les calculs du gouvernement et des compagnies qui l'ont érigé et exploité.

Je n'ai fait qu'effleurer la question de l'approvisionnement public par voie administrative ou par l'action collective des sociétés financières. A de plus experts que moi je laisse le soin de rattacher au vaste problème social de l'alimentation du peuple, les combinaisons du capital et du crédit qui s'y lient nécessairement.

JOHN WILKS.

Londres, mars 1867.

LE BLÉ

LES GRENIERS AÉRATEURS

I

Entre toutes les questions sociales, il n'en est point de plus considérable que celle des subsistances. De la production des matières alimentaires, de leur distribution rapide et peu coûteuse sur tous les points du territoire, de leur prix moyen toujours accessible aux classes laborieuses dépendent souverainement et le bien-être des individus et la prospérité des États. La vie à bon marché doit être la préoccupation incessante de tout bon gouvernement. S'il néglige ou méconnaît ses devoirs, les souffrances des populations détendent le lien politique, et bientôt commence la désaffection des gouvernés pour les gouvernants. Si, au contraire, sa prévoyance va au-devant du péril, la disette est conjurée dans ses effets les plus redoutables, les calamités publiques et privées se trouvent amorties, et la crise résultant de l'inclémence des saisons est heureusement traversée.

L'Angleterre, la France et l'Allemagne avaient un intérêt majeur à étudier sous toutes ses faces la question de l'alimentation publique. Ces trois nations voyaient s'accroître incessamment la densité et les besoins de leurs populations sans que les produits nutritifs s'augmentassent proportionnellement. Aux périodes d'abondance succédaient, avec une déplorable régularité, les périodes de pénurie. Mal combattues par les modes restrictifs et imparfaits de l'importation étrangère, les disettes se prolongeaient fatalement et ne trouvaient, dans le concours de l'État et des administrations municipales que des palliatifs impuissants. D'ailleurs, l'importation des grains et farines rencontrait alors un régime fiscal égoïste et une législation barbare contraire de tous points aux principes de la science économique.

Moins bien partagée que la France et l'Allemagne sous le rapport de la production en céréales, l'Angleterre était le pays de l'Europe qui, par son climat et par sa constitution territoriale, devait ressentir le plus vivement les atteintes de la disette. Vainement, en présence de calamités périodiques, ses hommes d'État, ses

philanthropes et ses économistes s'évertuaient-ils à
résoudre le problème de l'alimentation publique.
Chaque récolte inférieure à certaine moyenne se
traduisait immédiatement par l'élévation démesurée
du prix des subsistances, par des grèves, des chô-
mages, des sinistres commerciaux et des crises financières.

Les lois protectrices (*Corn-laws*), telles qu'elles exis-
taient avant 1844, ne profitaient qu'aux propriétaires
terriens et à leurs fermiers. Les droits d'importation
ajoutés à la hausse produite par l'accroissement de la
demande sur l'offre, imprimaient à la mercuriale des
blés et farines de désastreuses fluctuations. Plusieurs
fois on constata un écart de dix pour cent, sur le cours
de la veille.

Quand la France, l'Allemagne du Nord, la Belgique
et la Russie avaient été favorisées par de belles récoltes
et que la Grande-Bretagne se trouvait dans une position
diamétralement contraire, alors l'approvisionnement
anglais s'effectuait sans obstacle et à des prix modérés.
Mais telle n'était plus la situation lorsqu'une température hostile avait également sévi sur tous les centres
agricoles du continent. L'Angleterre voyait aussitôt se
fermer les marchés voisins. Force lui était de recourir
aux marchés de l'Orient, de la mer Noire et des
États-Unis, contrées lointaines dont un fret élevé

augmentait notablement la valeur marchande des cargaisons.

A cette époque, la navigation n'avait point encore reçu les perfectionnements qu'elle présente aujourd'hui. Les navires étaient d'un faible tonnage, les voyages lents et dispendieux. Les affrétements de la marine grecque offraient sans doute des conditions d'économie faisant contraste avec les frais considérables des vaisseaux anglais et américains. Malheureusement, sur trois chargements grecs, deux arrivaient au port de destination dans un état complet de fermentation et d'avarie.

Cependant, l'industrie britannique ne pouvait conserver son ascendant qu'au moyen de salaires modérés, résultat nécessaire du bon marché des subsistances. Partout, la paix lui avait créé des concurrences de plus en plus menaçantes, partout se développait le génie industriel. C'est en vain que son esprit d'association enfantait des merveilles, que ses institutions de crédit mettaient aux mains des producteurs les capitaux à bon marché, et que son système mécanique développé sur la plus grande échelle distançait les industries rivales moins savantes. Elle triomphait encore sur le terrain des grands articles mercantiles, sur ceux de la métallurgie, des tissus simples et mixtes, de la céramique usuelle et des constructions navales.

Mais dans les spécialités où l'application des engins
mécaniques est moins obligatoire, dans celles où la
main de l'homme et où l'initiative individuelle l'em-
portent, l'Angleterre rencontrait d'ardents et heureux
compétiteurs. La vapeur était vaincue, là où le bas
prix des subsistances, et partant des salaires, entraient
comme éléments dans l'arène industrielle.

Les crises qui éclatèrent de 1824 à 1840, mirent en
un vigoureux relief l'antagonisme étranger. Il y avait
sans doute un remède aussi radical qu'infaillible, celui
du retrait de la vieille législation sur les céréales. Mais
ici se dressait tout un monde de préjugés séculaires
profondément enracinés chez le *Landlord* comme
chez le tenancier, dans les rangs des Whigs comme
dans ceux des Torys.

Le féodal et robuste édifice qui a nom l'Angleterre
est en effet bâti d'une seule pièce. Tout s'y lie et
s'y tient par une force de cohésion que le temps et
la civilisation n'ont point affaiblie. En détacher une
pierre c'était provoquer un écroulement général. On
le croyait ainsi, du moins, parmi les membres
obtus ou éclairés de l'aristocratie, parmi les con-
seillers de la couronne et les publicistes les mieux
autorisés. L'antique doctrine était même défendue
par un grand nombre de libéraux et d'*amis* du
peuple. Quant aux conservateurs de parti pris, l'abro-

gation des *Corn-laws* s'élevait aux proportions d'un
sacrilége abominable, d'un crime dont la perpétra-
tion entraînerait inévitablement et l'anarchie sociale
et l'anéantissement de la vieille constitution britannique.

II

Au plus fort du débat, une crise alimentaire compliquée d'une crise commerciale aux États-Unis, éclate et révèle toute la grandeur du mal. L'ébranlement est terrible. Les Américains ont par leurs faillites tiré des veines du commerce anglais vingt-cinq à trente millions sterling. Pareille somme a passé dans les achats de céréales étrangères. La banque royale est à la veille de suspendre; les chutes se multiplient parmi les banques collectives et privées. La navigation éprouve de grandes souffrances, les exportations se ralentissent, le numéraire se raréfie à un point inouï, et le blé accuse en quelques semaines l'écart de soixante-quinze à cent dix shillings par quarter [1]. Bientôt les districts industriels se trouvent aux prises avec les grèves ouvrières. Ne pouvant plus vivre, ni soutenir leurs familles avec les salaires anciens, les *opératrices* exigent une augmentation du tiers à la moitié du prix de la journée. Les chefs de fabriques appuient leur refus sur la situation déplorable du commerce. Le conflit engendre un chômage presque universel. Dans cette immense détresse

[1] Le quarter anglais représente 2 hectol. 95 litres.

les ouvriers n'ont plus qu'à opter entre la maigre assistance des paroisses ou l'émigration aux États-Unis.

De l'excès même de cette situation critique, surgit l'idée de poursuivre par une *Agitation* nationale le rappel de la législation sur les grains. Richard Cobden fut l'initiateur et le plus ardent promoteur de cette réforme. Robert Peel ne vint qu'ensuite pour la développer, la régler et en obtenir la consécration législative.

C'est en 1839 que se constitua régulièrement, à Manchester, l'*Anti-Corn-law-League*. Ses débuts furent laborieux, ses luttes incessantes ; son courage et son opiniâtreté se proportionnèrent à sa tâche. Attaquée par les conservateurs et leurs adhérents avec une violence sans pareille, elle trouva aussi parmi ses adversaires systématiques le plus puissant organe de la publicité anglaise. Néanmoins, et comme toujours, le *Times* fit volte-face et cria vive la *League* ! lorsque le courant de l'opinion lui parut irrésistible et que la victoire fut assurée aux réformateurs.

En 1843, l'œuvre morale est accomplie, et, sauf l'aristocratie terrienne, l'Angleterre tout entière est acquise aux doctrines de l'école de Manchester. Alors les torys étaient au pouvoir avec Robert Peel pour premier ministre. En homme d'État consommé, il a compris que pour arrêter le déficit permanent du budget, il convient de s'attaquer immédiatement aux

taxes de consommation sous toutes les formes ; que
pour ranimer l'industrie aux abois et repeupler les
ateliers déserts, il faut réduire le prix des matières alimentaires ; que celles-ci, revenues au prix normal, im-
pliqueront naturellement la modération des salaires,
et qu'enfin avec des salaires modérés, les chefs d'usines
pourront rentrer dans la lice et reconquérir leur ancienne supériorité sur les industries étrangères.

Oublieux de ses antécédents politiques et rompant
en visière avec son propre parti, Robert Peel fait abro-
ger par la chambre des communes l'antique législation
des céréales, remanie de fond en comble le régime
douanier, ne laisse subsister qu'un petit nombre d'articles soumis à des droits réduits que des votes ulté-
rieurs feront disparaître successivement. Il ouvre en
pleine franchise les ports et marchés des trois royaumes
aux grains et farines de toute provenance avec un
simple droit d'enregistrement. Le bétail, les salaisons,
les substances alimentaires mixtes, les fruits verts et
secs, les conserves de toute sorte sont également admis
à l'entrée libre.

Des résultats surprenants ne tardent point à s'ac-
cuser. De la révolution économique et sociale de 1844
datent, en effet, et l'élan prodigieux de l'industrie anglaise, et la suspension des déficits chroniques du
budget. C'est aussi à partir de cette époque que nous

voyons les établissements métallurgiques du Stafford-
shire, du pays de Galles et de l'Écosse prendre une
extension gigantesque ; que les filatures du Lancashire
et du Yorkshire atteignent des proportions extraordi-
naires ; que les chantiers de construction de la Mersey,
de Glasgow, Newcastle, Cardiff et Blackwall acquièrent
une importance telle qu'ils obtiendront des commandes
de toutes les marines étrangères. Les gîtes houillers du
nord, du centre et de l'est répondront à ce vaste mouvement par des extractions donnant un chiffre inconnu
jusque-là.

Un autre fait non moins considérable se produit en
même temps, comme conséquence obligée, comme
résultat naturel, mais à coup sûr fort imprévu, de ces
réformes fiscales.

Sous l'empire des *Corn-laws*, le commerce des grains
et farines se renfermait dans les étroites limites de la
consommation locale. L'Angleterre importait en proportion de ses propres besoins, mais n'exportait que
par exception et dans des occurrences extrêmement
rares. Les entrepôts de Londres, Liverpool, Bristol et
Glocester avaient une importance infiniment moindre
que ceux de Nantes, Marseille, le Havre, Trieste, Li-
vourne et Odessa. Mais du jour où le commerce des
grains est libre, tout change, se modifie, se déplace.
Dégagée des entraves fiscales, la spéculation se donne

pleine carrière. Les cargaisons de Taganrock, Odessa, Constantinople, Alexandrie, Danksig, Mémel, Riga, New-York, Philadelphie, Boston et Chicago affluent dans les ports anglais. Londres et Liverpool deviennent les plus puissants réservoirs du monde en grains et en farines. La mercuriale obéit à cette loi de l'offre, à cette influence des gros approvisionnements. La moyenne du prix des blés tombe de vingt pour cent et ne se relèvera plus à des cours excessifs. Désormais, ce ne sera point dans les contrées essentiellement agricoles que l'on trouvera la mercuriale absolue des grains, mais au cœur de la cité de Londres, chez les courtiers et négociants de Mark-Lane.

Chose aussi étrange que nouvelle ! c'est d'Angleterre que la Belgique, l'Allemagne, l'Italie, l'Espagne, le Portugal et même l'Égypte importèrent les céréales et farines nécessaires à leurs pressants besoins. C'est aux entrepôts britanniques que la France elle-même recourut en 1856 et 1857 pour combler le déficit de deux mauvaises récoltes.

Cependant les arrivages s'accroissaient d'année en année avec des proportions telles que docks, wharfs, magasins généraux et particuliers ne suffirent bientôt plus. A Londres, de même qu'à Liverpool, sur les bords de la Tamise comme sur ceux de la Mersey, on éleva de gigantesques constructions destinées à loger les cargaisons étrangères ainsi que les réserves consacrées à la consommation locale.

Mais ces bâtiments ne différaient des magasins d'autrefois que par leurs vastes dimensions. C'était le même régime pour l'entrée et la sortie des grains ; c'étaient des procédés identiques pour l'entretien et la conservation. Le fertile génie mécanique de l'Angleterre ne sut rien innover dans l'espèce. C'est à la main de l'homme, à la pelle et au crible que l'on continua à demander une aération aussi imparfaite que coûteuse, mais sans laquelle pourtant le grain périrait sous la triple action des insectes, des rongeurs et de la putréfaction.

Nous en serions encore là sans une découverte aussi simple dans sa conception qu'efficace en ses résultats et pratique commercialement parlant, découverte appelée à doter le plus riche des produits agricoles de propriétés conservatrices et d'une valeur de garantie qui, jusqu'à ce jour, lui ont fait absolument défaut.

Mais avant de la décrire, examinons si en France la question alimentaire ne se pose pas dans des termes aussi rigoureux que dans la Grande-Bretagne, et si sa solution n'intéresse point à un degré égal l'agriculture, le commerce, l'industrie et le gouvernement.

III

Un Pharaon voit en songe sept vaches grasses dévo-
rées par sept vaches maigres. Joseph explique le rêve
royal par sept années d'abondance que doivent suivre
sept années de disette. Devenu ministre omnipotent,
le fils de Jacob se charge de conjurer la fatale période
par d'immenses approvisionnements en grains distri-
bués sur tous les points de l'Égypte.

Cette légende est le point de départ de faits identiques aux conséquences analogues ; c'est l'origine de
l'idée conçue par tous les peuples de l'antiquité de
mettre en réserve l'excédant de la production en céréales, à cette fin de parer aux déficits des mauvaises
récoltes ou aux éventualités des invasions et de la
guerre.

Quand les républiques grecques méconnaissent ce
principe de prévoyance sociale et que la famine les atteint, l'émigration devient leur unique ressource. Elles
se délivrent du trop-plein de leur population par des
envois d'hommes, de femmes et d'enfants en Sicile,

dans la Grande-Grèce, en Ionie et jusque dans la Chersonèse Taurique, comme de nos jours l'Irlande expédie ses fils affamés au Canada, aux États-Unis et en Australie.

Rome républicaine doit pendant longtemps à sa belle agriculture une alimentation suffisante. Les premiers temps de son histoire n'enregistrent aucune de ces disettes que la patrie de Miltiade éprouva si souvent. Bientôt cependant, la densité croissante de sa population l'amène à recourir aux importations des blés africains. La guerre alimente la guerre. Carthage vaincue et détruite, l'Égypte assujettie, la Mauritanie Césarienne couverte de colonies romaines deviennent les actives et fécondes pourvoyeuses de l'Italie. Les empereurs règnent et gouvernent de par les jeux du Cirque, et de par les réserves en grains et farines entassées dans les vastes greniers publics du port d'Ostie.

Au moyen âge, l'antique civilisation a disparu et les ténèbres couvrent le monde romain. La confusion, l'anarchie, le brigandage sur terre et sur mer, les dévastations et les meurtres s'étendent sur toute l'Europe. C'est le temps des disettes universelles, des famines effroyables et de la peste, leur conséquence obligée. Car, partout l'agriculture a dépéri et partout les rapports mercantiles des pays producteurs et des pays consommateurs se sont interrompus. Alors le plateau de la mort s'abaisse avec une intensité redoutable devant l'imprévoyance des peuples et des gouvernements.

Mais, peu à peu, la lumière se fait, les nationalités se classent, les États se constituent géographiquement et politiquement. Les lois, ordonnances et régulations tutélaires émergent du chaos féodal, le progrès se manifeste sous ses formes multiples.

En certaines contrées ce progrès a pour véhicule essentiel le pouvoir monarchique incessamment centralisé. C'est la France, c'est l'Espagne, c'est la Germanie. Ailleurs, il emprunte son action déterminante au régime municipal et démocratique. C'est le cas de la Suisse, des Provinces-Unies et des républiques Italiennes.

Déjà, aussi, les rapports internationaux s'établissent et font surgir les linéaments rudimentaires de l'échange. Déjà le commerce et la navigation exercent sur les sociétés leur influence civilisatrice. Venise, Gênes, la Toscane couvrent de leurs pavillons l'Adriatique, la Méditerranée et l'Euxin. Les cargaisons alimentaires de leurs navires défendent l'Italie contre les disettes qui pendant longtemps encore éprouveront les peuples de l'occident et du nord de l'Europe.

Dans les siècles qui précèdent immédiatement la Renaissance, les communautés religieuses jouent vis-à-vis des populations un rôle providentiel malheureusement trop restreint. Maîtresses du tiers sinon de la moitié de tout le sol arable de l'Europe, elles amassent de grosses provisions en céréales, qu'aux époques difficiles elles vendront aux riches, ou qu'elles distribueront gratuitement aux pauvres quand la faim rugira au seuil des monastères.

Plus tard, le pouvoir royal interviendra. A chaque couvent il imposera l'obligation de maintenir en permanence une réserve en grains et farines proportionnée à l'étendue et à la population du fief ecclésiastique. C'était après tout un correctif bien faible à la détresse populaire, un remède inefficace à une situation critique reparaissant avec une périodicité désolante. Dans les provinces les plus fertiles du royaume, ces secours *in extremis* s'exercèrent fréquemment d'après la proportion de sept années sur dix.

C'est à la fin du xvi* siècle seulement que pour la première fois l'intervention gouvernementale se manifeste et agit en vue de l'alimentation publique. Une ordonnance de Henri III, du 27 novembre 1577, statue : « *Que les magistrats de Paris et des Bonnes Villes feront pourvoyance et réserve en greniers publics* *de telles quantités de grains, qu'elles puissent servir de prompts secours, et suffire pour fournir les habitants des dites Bonnes Villes, l'espace de trois mois pour le moins. »*

Les documents manquent pour connaître et apprécier l'influence exercée sur l'alimentation publique par l'ordonnance de Henri III. Ce que nous savons pertinemment, c'est que les disettes se multiplièrent sous Henri IV, sous Louis XIII, sous la minorité de Louis XIV et même pendant les plus brillantes années de ce dernier règne. L'illustre Vauban a, dans un mémoire célèbre, tracé de la pénurie de l'agriculture et des effroyables misères du peuple un tableau aussi véridique que navrant.

Louis XV excellait aussi peu par ses vertus publiques que privées et avait médiocrement souci du bien-être de ses sujets. C'est pourtant sous le règne de ce prince égoïste et voluptueux que l'autorité adopta des mesures permanentes pour assurer l'approvisionnement de la capitale. Il existait à Corbeil un grand établissement composé de moulins et de vastes greniers. L'État acquit le tout et y concentra une réserve de 25,000 sacs de farine.

L'établissement mis en régie, suivant la coutume du temps, répondit mal aux vues de ses auteurs. Pendant les années de pénurie l'approvisionnement était de beaucoup inférieur aux besoins; pendant les années d'abondance, il impliquait des frais de manutention et d'entretien énormes.

Le mode d'administration en régie ayant paru trop dispendieux on décida, en 1776, de confier le service de la réserve de Corbeil à des banquiers et à des maisons de commerce avec lesquels on passa des marchés. Mais alors, on constata que les grains en farines emmagasinés par les contractants étaient généralement d'une qualité inférieure, et, qu'au moment de leur emploi, la fermentation et les parasites les avaient profondément avariés.

En 1789 la réserve est supprimée par ordonnance royale.

En 1793, Paris ressent la plus terrible des disettes. Les substances alimentaires de toute sorte atteignent des prix fabuleux; les boutiques des boulangers sont nuit et jour assiégées par une populace furieuse. Alors, la Convention nationale décrète le *maximum* et ordonne dans chaque district de la capitale et dans chaque chef-lieu des départements la formation d'un grenier d'abondance. En outre, une somme de cent millions est votée pour l'achat et l'emmagasinage des grains dans les principaux centres agricoles de la République. Mais ces dispositions réglementaires eurent si peu de résultat qu'elles étaient abandonnées deux ans après.

En l'an VIII, on reprend en sous-œuvre l'idée des greniers d'abondance, à laquelle cependant on ne tarde point à renoncer.

En 1800, la récolte avait été médiocre ; celle de 1801 fut moindre encore. Le gouvernement consulaire s'alarme de l'élévation de la mercuriale et fait acheter par le commerce 580,000 quintaux métriques de blé. En 1803, le quart en est distrait pour constituer une réserve réglementaire représentant 62,000 sacs de farine. C'est le point de départ de la réserve de Paris, dans les vastes bâtiments élevés par Napoléon I\ :sup:`er`, sur les terrains de l'ancienne Bastille.

La révolution, qui en 1830 fit tomber la branche aînée des Bourbons, mit fin au système tant préconisé jadis des greniers d'abondance. Ce système qui, de son origine à sa chute définitive, imposa d'immenses sacrifices au Trésor, n'atteignit jamais le but proposé : celui de comprimer les hausses excessives du prix des grains.

Ainsi, sous l'ancienne monarchie comme sous la République, sous le premier Empire de même que pendant la Restauration, les gouvernements furent impuissants à conjurer les calamités de la disette et à rétablir l'équilibre rompu dans la moyenne de la valeur vénale des grains.

Tous les obstacles à la théorie des réserves publi-

ques se réduisaient cependant à un seul : la conservation intacte, indéfinie et à peu de frais des céréales.
Mais alors cette question s'offrait comme un problème
insoluble. Comment, en effet, l'État opérait-il alors?
Mû par un sentiment de prévoyance fort louable, s'il
se faisait détenteur de grandes quantités de blés, ses
achats exerçaient d'abord sur le marché une hausse
proportionnelle à leur importance. Pourtant c'était là
le moindre des inconvénients. Une fois en possession
de sa réserve, le gouvernement se trouvait entraîné à
des frais de manutention beaucoup plus dispendieux
pour une administration publique que pour le commerce. Ses grains réclamaient des pelletages et des
criblages dont la fréquence ne les défendait pas
toujours contre l'échauffement et contre la mandi-
bule des charançons. Après deux ou trois ans de
garde, la valeur intrinsèque des céréales se trouvait
presque absorbée, et par l'intérêt du capital engagé,
et par les avaries résultant d'un emmagasinage im-
parfait.

C'était donc pour l'État un mode ruineux entre tous.
Mais en y renonçant, il ne lui restait plus que l'alter-
native ou d'abdiquer son rôle tutélaire en présence
d'une disette, ou de se faire négociant et d'opérer en
grand sur les marchés d'Angleterre, de la mer Noire
et des États-Unis. C'est à ce dernier mode que le gou-

vernement recourut avec succès, mais non sans de
grandes dépenses, pendant les années 1856 et 1857.

Nous verrons bientôt qu'il existe un mode d'opérer
plus simple, moins coûteux, essentiellement pratique et
répondant à toutes les nécessités de l'agriculture, du
commerce et des gouvernements.

IV

Dans l'échelle des subsistances, les céréales tiennent le premier rang. Leur production plus ou moins parfaite, leur rendement moins ou plus élevé sont affaires de climat et de perfection agronomique. Où le cultivateur arabe se contentera de gratter superficiellement le sol, les fermiers du Yorkshire et de la Beauce multiplieront les labourages profonds et les fumures énergiques. Aussi, en Afrique, un hectare ne donnera-t-il que le tiers de l'hectare français, que le quart ou le cinquième de l'hectare anglais.

Cette différence est nivelée par la disproportion des besoins relatifs. En Orient, l'homme vit de peu, tandis qu'en Europe nos classes rurales et professionnelles exigent une nourriture plus abondante. D'ailleurs, en Afrique, la moyenne des récoltes est soumise à de moindres variations en quantités que dans nos contrées occidentales. Puis, les habitants clair-semés de la première de ces régions disposent d'une surface territoriale immense par rapport au chiffre de leur popu-

lation. Enfin, l'agriculture chez eux est très-médio-
crement affectée par les cultures industrielles.

Bien différentes sont les conditions du sol de l'Europe. Là, peu ou point de terres en friche, et des
jachères de moins en moins nombreuses. Là, existent
des populations très-denses et des éléments de consommation fort diversifiés. Là, une superficie arable
notablement réduite par les forêts, les rizières, la vigne,
les textiles, les oléagineux, la betterave, le houblon, les
parcs et vergers, les voies de grande et de petite com-
munication.

Dès la plus haute antiquité, les Orientaux ont re-
couru à un mode d'approvisionnement et de réserve
parfaitement approprié à leur vie nomade et guerrière,
ainsi qu'au climat et au sol de leur pays. Dans un terrain argileux et sec, ils creusent des cavités d'une certaine profondeur dont ils revêtent les parois d'une
sorte de pisé rudimentaire. Remplies de grains, ces cavités sont recouvertes de paille et de feuilles sèches que
surplombent de nouveaux lits d'argile fortement tassés.

C'est le silo oriental dans sa forme primitive et essentielle ; c'est le magasin public et privé des peuples
pasteurs vivant sous le gourbi ou sous la tente. Construits
avec soin et sur des espaces proportionnés en étendue
à la population de chaque tribu, ces silos suffisent amplement à la conservation des grains.

Excellents pour l'Afrique, l'Espagne méridionale et les districts les plus chauds de la Hongrie, ces greniers primitifs seraient d'une adoption aussi coûteuse qu'inefficace dans l'ouest et le nord de l'Europe, où la production consiste principalement en blés tendres et où le terrain est limité et fort cher. Sous les latitudes pluvieuses et humides de nos contrées, les grains s'accommoderaient mal d'un séjour plus ou moins prolongé dans des cavités souterraines. Songe-t-on d'ailleurs aux dépenses qu'impliqueraient ces excavations perfectionnées, aux frais de main-d'œuvre pour l'entrée et la sortie des grains qui néanmoins ne représenteraient jamais des quantités égales à celles que contiennent les docks et magasins de Londres, Liverpool, Paris, Nantes, Marseille, Trieste et Odessa !

Bon nombre d'économistes, d'agronomes et d'ingénieurs émérites se sont préoccupés de l'ensilage ou mise en silos des céréales. On a recherché avec ardeur un système propre à défendre les grains contre les causes destructives dont ils sont perpétuellement menacés : les rongeurs, la fermentation et le terrible parasite qu'elle engendre, le charançon. En 1862, les galeries de l'Exhibition internationale de Londres offraient plusieurs spécimens fort ingénieux et parfaitement combinés. Ils résolvaient le problème de la conservation indéfinie du blé au moyen du vide et de la suppression

de l'oxygène. Frappé d'une sorte de catalepsie, d'une
suspension absolue du principe vital, le grain peut et
doit se maintenir plus intact en ces appareils que dans
les silos de l'Orient.

Mais ici se présente la question essentielle qui n'a
point été résolue et ne le sera jamais au moyen de ces
appareils : la question pratique.

Matière encombrante par excellence, le blé exige
en tous temps et en tous lieux de grands frais de
transport, d'entrée et de livraison. Si vous y ajoutez
par des constructions dispendieuses sur un espace
naturellement très-considérable; si vos récipients
s'éloignent par leur principe savant mais compliqué
du magasin élémentaire, en un mot, si le coût du
contenant charge le contenu d'une plus-value ma-
jeure, alors les combinaisons du négociant, du déten-
teur-spéculateur ou du simple propriétaire se trouvent bouleversées, anéanties. Vous avez délivré le
commerce et l'agriculture de ces pelletages et criblages, seuls recours contre la fermentation, mais du
même coup vous leur imposez un système d'ensilage
plus dispendieux comme construction que l'antique
grenier, avec des frais d'entrée et de sortie sinon su-
périeurs du moins égaux à ceux d'aujourd'hui. D'ailleurs, les engins d'invention récente n'ont donné lieu,
que nous sachions, et n'ont servi de base à aucune

grande entreprise privée ou publique ayant pour objet l'ensilage des grains. Ils ont été et se maintiennent encore à l'état de procédés scientifiques, choses dont le négoce ne s'éprend guère.

Les silos souterrains et leurs congénères modernes, qu'ils soient tapissés de briques vernissées, ou formés de plaques métalliques, étant hors de cause, il s'agissait de trouver un système de grenier, réunissant les conditions suivantes :

1° Construction simple, facile partout et peu dispendieuse ;

2° Aération naturelle et artificielle des grains ;

3° Suppression de l'action fermentescible et de celle des rongeurs ;

4° Manutention réduite à sa dernière expression, par l'emploi de la mécanique.

Ou nous nous trompons fort, ou toutes ces conditions se trouvent remplies par les silos aérateurs dont un banquier français de Londres, M. Alexandre Devaux, est l'inventeur. Le mot grenier convient mieux que celui de silo, puisque dans l'ancien système, la conservation des céréales est due à la suppression de l'air atmosphérique, et que dans le nouveau, l'air joue le rôle principal et conservateur.

Expliquons aussi clairement que possible la théorie du grenier ventilateur. L'idée en est si simple et si élémentaire, que l'on s'étonne qu'elle ne soit point venue à l'esprit des hommes spéciaux.

Représentez-vous quatre tiges de fer longues de quarante-un pieds anglais, et dressées perpendiculairement à sept pieds l'une de l'autre.

Liées par des traverses du même métal, ces tiges forment une cage, dont les quatre faces sont recouvertes de plaques de tôle percées d'une multitude de trous, assez larges pour la circulation aérienne, trop étroits pour permettre au grain de s'échapper.

Nous avons donc une boîte métallique rectangulaire, plus haute que large et assise sur quatre pieds de bois, de fer ou de maçonnerie.

Au centre de cette boîte se dresse un tube cylindrique de deux pieds de diamètre, formé de tôle également perforée. Ce tube va de la base au sommet.

L'opération se devine. Le grain élevé par une force motrice quelconque, tombe dans la boîte ou silo qu'il remplit, tandis que le tube central reste vide.

Le grain ainsi ensilé reçoit l'air extérieur de quatre côtés. Sa carapace de fer le défend contre les attaques des rats et des oiseaux.

Si le grain était échauffé et en proie aux charançons, l'aération naturelle ne suffirait pas pour le remettre en

bonne condition. C'est alors que l'on fait intervenir la ventilation artificielle.

Nous avons dit qu'au centre de la cage était un tube vide et percé de trous. Ce tube porte à son orifice supérieur une trappe articulée qui s'ouvre et se ferme à volonté, tandis que son orifice inférieur communique à un tuyau de cuir, lequel adhère à un tambour placé dans le sous-sol. L'hélice contenue dans ce tambour reçoit son mouvement de rotation d'une machine à vapeur. Elle le recevrait également d'un manége à cheval, d'un cours d'eau ou d'un moulin à vent.

Le grain une fois ensilé on veut le refroidir et le débarrasser des parasites qu'il contient. La machine à vapeur chauffé, l'hélice se meut rapidement et lance avec force de l'air froid dans le tube central. Cet air ne pouvant s'échapper par l'orifice supérieur dûment fermé, cherche d'autres issues. Il traverse toutes les couches de grains qu'il refroidit rapidement. Il expulse avec une violence sans pareille tous les insectes qu'il contient. La base du silo en est couverte.

Quinze ou vingt heures de ce travail suffisent communément pour arrêter la fermentation, et guérir des blés parvenus à un état voisin de la décomposition.

Venons à la pratique.

Un navire contenant une cargaison en céréales plus

ou moins avariées, remonte la Tamise, se range à quai
en face du grenier et ouvre sa soute. Une grue que fait
agir la vapeur descend ses grappins à fond de cale, saisit
douze sacs à la fois, les enlève, opère un mouvement
circulaire et verse le grain dans un récipient situé au
premier étage. Une courroie sans fin y plonge ses
godets et porte le blé au faîte de l'édifice où une vis
d'Archimède, tournant dans une auge horizontale, le
distribue dans les silos vides. Une fois remplis, la ventilation commence sans perte de temps.

S'agit-il de charger un navire ou des camions, le
procédé est encore plus simple. A la base de chaque
silo est une porte à coulisse. Ouverte, le grain entraîné
par son propre poids, coule dans une rigole mobile et
se rend à fond de cale ou tombe dans un autre véhicule.

Quelques hommes suffisent à ces diverses manœuvres, et représentent un travail prodigieux. Inutile
d'ajouter que la pelle et le crible deviennent des auxi-
liaires parfaitement inutiles.

Le nouveau système n'est plus à l'état de théorie et
n'attend point la sanction des expériences. Si du pont
de Londres vous descendez la Tamise, sur un de ces
légers *steamboats* qui sillonnent perpétuellement le
fleuve, avant d'atteindre Greenwich, vous découvrez
sur la rive droite, une vaste et élégante construction
surmontée de tourelles, et percée de nombreuses ou-

vertures. C'est le grenier aérateur, fondé à Canada Wharf par une compagnie qui compte les notabilités du marché au blé et celles du commerce étranger des grains. Depuis plus de deux ans, l'établissement fonctionne avec autant d'activité que de succès. Les demandes d'ensillage sont devenues si nombreuses, que pour y répondre, la compagnie devra construire sous bref délai, un bâtiment annexe d'une capacité supérieure à celle du premier.

Un fait assez curieux, c'est que ni Londres, ni Liverpool, n'eurent les prémices de l'invention. Longtemps avant la formation de la compagnie anglaise, celle du railway Lombard-Vénitien avait acquis de l'inventeur le droit de construire à Trieste un grenier qui, dès son origine, opéra sur un approvisionnement de 150,000 hectolitres, bientôt porté à 300,000. Frappé des avantages du nouveau principe d'ensilage, le gouvernement autrichien [1] traita pour une concession, et établit à Vérone ainsi qu'à Bruck des greniers aérateurs, auxquels ceux de Trieste et de Londres servirent de type.

L'incident aurait passé inaperçu sans l'explosion de la guerre entre l'Italie et l'Autriche. Parmi les nom-

---

[1] Ainsi, le gouvernement autrichien, à qui l'on a reproché si souvent son immobilité et son manque d'initiative, fut le premier en Europe à s'emparer de la découverte et à l'exploiter sur la plus large échelle.

breux *Missi dominici*, que le *Times* entretient partout
où il y a d'importantes informations à recueillir, son
correspondant en Italie possédait à un haut degré les
connaissances de l'ingénieur. Entré à Vérone à la suite
des troupes de Victor-Emmanuel, il en visita tous les
établissements militaires, qu'il décrivit de main de
maître. Celui qui excita le plus son admiration, fut le
grenier aérateur, auquel l'autorité autrichienne avait
annexé une puissante manutention de boulangerie pouvant suffire quotidiennement à l'alimentation de
50,000 hommes[1].

La description est d'une exactitude parfaite. Seulement l'écrivain attribue l'invention à un Belge, tandis
qu'elle appartient à un Français, établi depuis de longues années en Angleterre. Il ignore que de semblables
greniers aérateurs existent à Trieste, à Bruck, en Mora-
vie, à Londres et à Liverpool. Il termine en appelant
l'attention de ses compatriotes sur un système d'emmagasinage et de manutention mécanique, qui répond à
toutes les exigences de l'agriculture, du commerce et
des administrations civiles et militaires, système qui,
par la force même des choses, se substituera aux
modes surannés et si dispendieux des temps passé et
présent.

1. Lettre au *Times* insérée dans le n° du 11 septembre 1866.

Les omissions du correspondant du *Times* ont en
d'ailleurs un côté utile, puisqu'elles ont immédiatement provoqué des explications indispensables. Le secrétaire de la compagnie anglaise adressa à l'éditeur
du journal une lettre rectificative qui fut insérée dans
le numéro du 13 septembre dernier. Cette lettre
rétablissait brièvement les faits et rappelait la date
de la création des greniers d'Autriche, d'Italie et
d'Angleterre, tous les cinq en pleine activité aujour-
d'hui.

V

La production annuelle des céréales, en France, est suivant M. Payen de cent millions d'hectolitres. L'illustre chimiste déclare aussi que treize pour cent, soit treize millions d'hectolitres, sont détruits chaque année par les rongeurs, les parasites et les oiseaux [1]. C'est donc pour la France une perte sèche de 260 millions de francs, si nous prenons pour élément de calcul le prix moyen de vingt francs l'hectolitre.

Si cette production était constante, elle suffirait amplement à la consommation annuelle des habitants.

Mais dans nos contrées occidentales les récoltes en grain se trouvent subordonnées plus qu'ailleurs aux influences atmosphériques. Elles varient donc sensiblement d'année en année. Tantôt leur rendement est magnifique et alors leur valeur marchande fléchit ; tantôt il s'abaisse à un chiffre qui renverse

[1] Voir aux pièces justificatives la note extraite du PRÉCIS DE CHIMIE INDUSTRIELLE, par A. Payen.

toutes les prévisions et provoque une situation cala-
miteuse.

Un système de réserve basé sur le double principe
de la conservation indéfinie des céréales, de leur emmagasinage et de leur livraison au plus bas prix possible obvierait à tous les inconvénients [1]. Mais pour le
mettre en lumière, le faire triompher de l'ancienne pratique et attirer sur lui l'attention distraite des particuliers et des gouvernements, que de préventions suran-
nées à combattre et à détruire? En France, qui connaît
les gigantesques établissements de Trieste, de Bruck, de
Vérone, de Londres et de Liverpool, datant de plusieurs
années déjà et fonctionnant avec un incontestable succès? Quel économiste consacrant ses veilles à l'étude du
vaste problème de l'alimentation publique se doute
que la solution est trouvée et qu'elle est sous sa
main?

Pour apprécier à sa juste valeur l'importance du
nouveau grenier et le rôle que l'avenir lui réserve, il

[1] La construction des greniers aérateurs peut être établie sur
le pied de 3 fr. 50 à 4 fr. l'hectolitre, suivant les localités et suivant le prix du fer. Les greniers de l'ancien système contruits en
pierre ou en brique ne coûtent pas moins de sept à huit francs
l'hectolitre. Ces derniers occupent un espace supérieur de tiers
au double. Les greniers aérateurs n'ont rien à craindre de l'in-
cendie, les matières combustibles n'entrant point dans leur construction. L'établissement de Londres paye sa police d'assurance
contre le feu vingt-cinq pour cent de moins que les autres magasins à blé.

suffit de placer l'agriculture en présence des deux termes suivants : Abondance, Disette.

Admettant le fait réel que le cultivateur possédera bien rarement les locaux suffisants pour loger, pelleter et cribler l'excédant d'une récolte extraordinaire, deux perspectives se découvriront à ses yeux. La première sera une manutention dispendieuse que ne lui permettra pas toujours le personnel dont il dispose ; la seconde sera de se débarrasser promptement de cet excédant sur le marché voisin.

Son embarras cesserait si, dans sa propre localité ou dans le chef-lieu de l'arrondissement, il trouvait à emprunter sur sa récolte. Mais les sociétés de crédit pas plus que les banquiers ou capitalistes de la province ne se montrent enclins à faire des avances sur un gage aussi essentiellement détériorable que le blé. D'ailleurs, les entrepôts publics et privés manquent généralement partout.

Le cultivateur est également empêché quant aux autres produits de son exploitation agricole, fourrages, légumes secs, grains oléagineux, sujets de basse-cour et d'étable. Ne pouvant donc faire argent de rien, il se courbe sous le joug de la nécessité et vend ses grains à tout prix.

Et comme dans les autres centres agricoles la position des cultivateurs est identique, la même opération se répète, le mouvement de baisse s'accélère et se généralise. Marseille, Lyon, Nantes, le Havre, la Beauce, la Brie, la Haute-Saône, où de forts approvisionnements en blés vieux existent toujours, accroissent l'impulsion en baisse. La mercuriale tombe à 16, 14 et jusqu'à 13 francs l'hectolitre.

Ces prix sont ruineux pour les propriétaires, désastreux pour les fermiers et les petits cultivateurs. Ils ouvrent la voie à une exportation déréglée en Angleterre et poussent à la conversion des grains en alcool au moyen de la distillation. Livrer le blé aux alambics dans la contrée où la production vinicole dépasse celle de toutes les contrées réunies de l'Europe, n'est-ce pas la plus flagrante des aberrations économiques ? N'est-ce pas contrevenir aux vues de la Providence que de dénaturer de gaieté de cœur la substance alimentaire la plus indispensable à la vie ? N'est-ce point tarir imprudemment la source où les consommateurs puiseront aux époques de disette, funestes époques dont le retour est aussi prompt qu'inévitable ?

Mais à quoi bon tant de prévoyance ! marchés et greniers regorgent de grains et farines ; l'avenir n'est rien, le présent est tout et ce présent commande à l'agriculture de vendre quand même, de vendre avec la presque certitude d'un rachat partiel à de hauts prix. Alors, cultivateurs, grands et petits, s'en pren-

nent à la législation des céréales et attribuent leurs
maux à la liberté du commerce, à l'importation des
grains étrangers. Ils ne se disent point que l'ancienne
échelle mobile n'a jamais conjuré les disettes, n'a jamais prévenu l'avilissement des prix. Mus par le seul
sentiment de leur détresse, ils poussent d'ardentes cla-
meurs et en appellent au gouvernement pour qu'il
leur vienne en aide au moyen d'une régulation fiscale.
Au printemps de 1866, un droit à l'entrée de deux
francs par hectolitre sur les blés étrangers devait, au
dire des plaignants, rétablir l'équilibre rompu et guérir
les plaies de l'agriculture.

Bien en prit au gouvernement de décliner ces do-
léances non point par un refus péremptoire, mais par
un décret d'enquête agricole sur tous les points du territoire. En effet, tandis que les autorités départemen-
tales s'enquièrent, les semaines et les mois s'écoulent,
les intempéries se succèdent sans relâche et la récolte pendante est gravement compromise. Bientôt la
moisson s'opère, et l'on constate partout un déficit
considérable.

A partir de ce moment, tout change et se modifie,
les faits et l'opinion. Les cours s'élèvent, les achats à
l'étranger se multiplient, les importations s'accroissent. Volontiers, alors, les partisans aveugles des
doctrines restrictives demanderaient-ils au gouverne-

ment l'octroi d'une prime à l'entrée sur les grains exotiques.

Maintenant entrons en plein dans l'hypothèse de la disette.

Une, deux, trois années viennent de se succéder pendant lesquelles la température a été défavorable à la culture des céréales. Le rendement est inférieur à la moyenne ordinaire. La pondération n'existe plus entre la production et la consommation ; le déficit est patent, irréfutable. Il s'élève souvent à 20 ou 30 millions d'hectolitres. Le besoin des grains étrangers se fait impérieusement sentir. La spéculation agit avec son ardeur accoutumée, et cette ardeur alimente partout le foyer de la hausse. De 13 francs l'hectolitre, le blé monte à 20, 30 et 40 francs. Le prix du pain s'élève proportionnellement. Il pèse sur les salaires, modifie les conditions de fabrication dans les centres industriels, inflige de vives souffrances aux classes ouvrières et inspire de légitimes inquiétudes au gouvernement, qui de concert avec les communes s'évertue à fournir des palliatifs, malheureusement inefficaces la plupart du temps.

De ces traits généraux, si nous passons aux chiffres, nous voyons que pour nourrir lui et les siens et pour subvenir aux besoins des semailles, le cultivateur devra souvent racheter à 30 et même 40 francs l'hecto-

litre ce même blé qu'aux époques d'abondance et
d'encombrement il a vendu de 13 à 15 francs. N'est-ce
pas là une situation aussi anormale que déplorable?

En embrassant la question sous un aspect plus général, nous voyons encore que l'écart de la mercuriale
entre la période d'abondance et la période de pénurie
impose à la France une perte variant de 150 à 300 millions de francs. Cette perte serait réduite des trois-
quarts, si le pays avait pu ou su constituer de fortes
réserves avec l'excédant des récoltes antérieures, et si,
sur un gage d'une conservation parfaite, indéfinie, des
sociétés financières avaient fait des avances à un intérêt modéré quoique suffisamment rémunérateur.

Des institutions de crédit se sont fondées pour répondre à tous les besoins de la circulation et à la mobi-
lisation de toutes les richesses sociales. La production
du sol arable représente plus de 2 milliards de francs
en céréales, richesse frappée d'immobilité et partant
de stérilité. Pour lui communiquer le principe de vie,
il suffirait d'ajouter à la théorie des réserves en grain
celle du warrant. On n'a point à inventer le warrant;
il existe et fonctionne partout, comme valeur de porte-
feuille et comme valeur de placement à terme.

Les obstacles que présente la constitution d'une
banque de céréales ne sont pas de ceux qui résistent à
la puissance du capital et de l'association. La garantie

est toute trouvée. Jadis problématique et périssable,
elle ne l'est plus depuis que l'action combinée du fer,
de l'air et de la vapeur a doté les grains d'une vitalité
et d'une incorruptibilité certaines.

Des grains de blé enfouis depuis 3,000 ans dans
des sarcophages égyptiens, et livrés au pouvoir fécondant du sol, ont germé, mûri et donné de robustes
épis.

Une simple, forte et saine idée mettra-t-elle plus
de temps à germer et à mûrir sur le terrain si bien
préparé cependant de notre siècle ?

Londres, mars 1867.

PIÈCES JUSTIFICATIVES

I

« La France produit plus de grains qu'il n'en faut pour une consommation rationnelle de ses habitants, et il semble, par conséquent, qu'elle devrait être à l'abri des disettes, et même des fortes variations dans le prix du blé. C'est ce que l'on obtiendrait, en effet, si le pain n'entrait pour une trop forte proportion, à défaut de viande, dans l'alimentation des ouvriers des villes et des campagnes, surtout si l'on possédait un moyen sûr de conserver le grain *d'une manière économique, sans déchet, et autant de temps que les circonstances peuvent rendre cette conservation nécessaire.*

« Cette question intéresse d'autant plus les producteurs et les consommateurs, que la solution d'un problème aussi important aurait pour résultat de rendre le prix des grains beaucoup moins variable, et, par suite, d'éviter ces brusques changements dans les achats des divers produits de nos manufactures, qui occasionnent les crises manufacturières et commerciales ; elle aurait pour effet d'empêcher qu'il ne soit introduit dans la préparation du pain des farines provenant de blés altérés et insalubres. Si cette solution intéresse la salubrité générale, elle n'importe pas moins à la tranquillité publique, puisqu'il n'y a pas d'élément de

trouble plus actif que le haut prix des grains et la crainte de la
disette.

« .... On sait que tous les fruits parvenus à leur maturité ten-
dent à se décomposer. Ce dépérissement, pour les grains, est re-
tardé par les soins qu'on apporte à leur conservation. Cependant,
malgré les soins usuels, la perte du blé conservé dans les greniers
excède parfois 12 ou 14 pour 100 en une année.

« Deux causes principales concourent à déterminer cette perte
énorme : la première, et la plus importante, consiste dans les
dévastations commises par les insectes; la seconde réside dans les
altérations produites par les moisissures et la fermentation qui se
manifestent dans les tas de grains, sous l'influence de l'humidité.
Les rats et les souris exercent aussi de notables ravages dans les
grains rentrés.

« .... Pendant la saison où le thermomètre ne descend pas au-
dessous de 10 ou 12°, il suffit de 12 paires de charançons dans un
hectolitre de blé pour procréer plus de 75,000 individus de leur
espèce, dont chacun détruit 3 grains par année pour sa subsis-
tance, ce qui représente plus de 9 kilog. de blé pour 75 kil., ou
12 pour 100. Les altérations secondaires, par la fermentation et
les moisissures qu'occasionnent les débris des grains avariés ainsi
par le charançon, augmentent beaucoup et peuvent doubler cette
perte directe.

« Les charançons ont besoin de repos : dès qu'ils sont troublés,
ils quittent l'endroit qu'ils habitent et vont chercher ailleurs la
tranquillité nécessaire à l'accomplissement de toutes leurs fonc-
tions. La connaissance de ce fait a fait naître l'usage du *pelletage*
des grains, opération *dispendieuse* qui n'atteint que très-imparfai-
tement le but qu'on se propose, car l'expulsion des charançons
par le pelletage d'un tas de grains ne dure que peu de temps :
on voit, il est vrai, ces insectes abandonner alors en foule le grain
qui vient d'être agité et couvrir les parois des greniers; mais, au
bout de quelques heures de repos, tous rentrent dans le tas
qu'ils avaient momentanément abandonné.

« L'excès d'humidité dans les grains est une autre source des
diverses altérations spontanées : germination, fermentation alcoo-
lique, acide putride, moisissures.

« .... Le prix moyen d'un grenier ordinaire, pour 1,000 hectolitres, avec l'espace nécessaire pour le pelletage, blutage, etc., ne
peut être évalué à moins de 8,300 fr., ou 8 fr. 30 c. par hectolitre. »

A. PAYEN,

Membre de l'Institut, Professeur au Conservatoire
des Arts et Métiers et à l'École centrale
des Arts et Manufactures.

Précis de Chimie industrielle. Paris, Hachette, 1849. Pages 370, 371,
372, 474.

4

II

Société des chemins de fer Lombardo-Vénitiens.

RAPPORT

SUR LE MAGASIN A SILOS DE TRIESTE

I

BUT ET ORIGINE DES SILOS

Dans le but de prévenir le retour des difficultés que l'exportation des grains a rencontrées en 1861 par suite de l'insuffisance d'entrepôts, soit dans la gare, soit dans la ville de Trieste; dans le but d'atténuer les inconvénients de l'encombrement des gares et du chômage du matériel qui en est la conséquence; et dans le but aussi de régulariser le mouvement des grains de la Hongrie vers Trieste, en le centralisant le plus possible sur ses lignes, la Société a résolu, dès 1861, de donner plus de développement à ses magasins ou entrepôts.

Mais pour que ses nouveaux entrepôts répondissent à la fois aux intérêts de l'exploitation de la Compagnie et à ceux du public, il fallait d'une part qu'ils fussent disposés et aménagés de manière à faciliter tout particulièrement les manœuvres et la manutention du matériel de transport, et d'autre part qu'ils offrissent tous les avantages d'entrepôts publics.

Voilà les motifs qui ont engagé la Société à établir à Trieste un magasin à silos appelé à concilier à la fois les deux intérêts que nous venons de signaler.

Le magasin est achevé et prêt à être mis à la disposition du public.

Il y a donc lieu de déterminer les conditions d'exploitation de ce nouveau service.

Mais avant de le faire, il importe de jeter un coup d'œil sur la situation du commerce des grains, sur le mouvement moyen annuel, le prix des loyers et de la main-d'œuvre de la place de Trieste.

Cette étude nous servira de point de départ pour l'organisation de notre propre établissement, à défaut de modèle ou de précédent que nous puissions utilement consulter.

Nous ne devons pas nous dissimuler toutefois que la sympathie du commerce de Trieste n'est pas généralement acquise à nos silos.

En dehors des préventions contre tout ce qui sort de l'ornière habituelle, il y a des intérêts privés en jeu.

En effet, les commissionnaires et les courtiers appréhendent, et non sans raison, que le magasin à silos ne nuise à leurs intérêts, et ne soit un acheminement vers le système des magasins généraux et du prêt sur marchandises pratiqué ailleurs avec succès. Les propriétaires de magasins et les facteurs, de leur côté, redoutent dans cet établissement un concurrent et un régulateur incommode des loyers et de la main-d'œuvre.

Le début ne sera donc pas sans difficultés, mais nous sommes certains que les intérêts bien avisés se rallieront promptement quand ils auront reconnu l'avantage de la stabilité dans les prix du loyer et de la main-d'œuvre.

Nous passerons maintenant à l'examen de l'état actuel des choses de la situation nouvelle qui résultera du fait même de l'établissement de nos silos, pour y puiser les éléments nécessaires à l'organisation du service.

II

1. Mouvement du commerce des grains à Trieste. — 2. Part probable des silos dans ce mouvement. — 3. Capacité des silos. — 4. Capacité des greniers privés de la place. — 5. Conditions de magasinage dans les greniers privés.

1. Dans les trois dernières années, Trieste a eu un mouvement de grains de 6,000,000 de quintaux, savoir :

Par chemin de fer :		Par mer :	
1860......	600,000	1860......	600,000
1861......	2,500,000	1861......	250,000
1862......	1,500,000	1862......	550,000
	4,600,000		1,400,000

Total............... 6,000,000 de quintaux.

soit, en moyenne, 2 millions de quintaux, ou environ 2,250,000 metzen par an.

Le tonnage ne séjourne pas toute une année en magasin ; en d'autres termes, le stock n'est jamais tel qu'il faille loger en une seule fois 2 millions 1/4 de metzen, il se répartit sur deux à trois périodes de l'année, de telle sorte qu'en admettant cette base, le stock permanent oscillera entre 1,125,000 et 75,000 metzen, soit 935,000 metzen en moyenne.

2. Quelle part pouvons-nous espérer de ce mouvement annuel de grains?

Si le mouvement s'opère par chemin de fer, nul doute que nos silos ne l'absorbent en grande partie.

Si, au contraire, il s'effectue par mer, la plus ou moins grande participation de nos silos à ce mouvement, dépendra évidemment des convenances locales et des conditions plus ou moins avantageuses d'entrepôt et de manutention.

Toutefois, nous croyons pouvoir conclure de la statistique ci-dessus, qui attribue plus des 2/3 du mouvement total au chemin de fer et des renseignements recueillis à Trieste même, que les 3/5 de la capacité de nos silos pourront être placés en temps ordinaires.

3. Le magasin à silos comprend 3 compartiments à 143, 153 et 180 silos, donc ensemble 474 silos d'une capacité de 1,000 metzen chacun environ, soit au total de 474,000 metzen.

Dans la prévision que 3/5 de la capacité totale seront occupés, le chiffre de 283,000 metzen exprimera le stock permanent de notre magasin, ou en d'autres termes, les silos seront vides 5 mois de l'année et pleins les 7 autres mois.

4. Quelle est maintenant la capacité des magasins particuliers de la ville?

D'après l'annexe n° 1 ci-jointe, Trieste possède :

1° Le long de la Riva, 16 magasins pouvant
recevoir.. 524,000 stars.

2° Dans l'intérieur de la ville, 15 magasins
d'une contenance de............................. 199,500
                                                 ____
                          Total.............. 723,500 stars.

le star = 1,33 metzen, donc environ 829,000 metzen.

En temps ordinaire, les magasins de la Riva, d'une capacité de 700,000 metzen environ, peuvent seuls soutenir la comparaison avec nos silos, car ceux disséminés dans la ville occasionnent des frais accessoires bien plus élevés, et ne sont utilisés que dans le cas de grande affluence.

La ville se suffirait donc à peine elle-même, si les transactions s'accomplissaient régulièrement dans les périodes ci-dessus. Or, le commerce des grains dépendant d'une foule d'événements que ni la statistique, ni l'expérience ne peuvent prévoir, il est probable que même sous l'empire d'un mouvement tout à fait ordinaire, les magasins privés seront insuffisants parce que, à diverses époques de l'année, les arrivages se succéderont rapidement ou que la spéculation détiendra plus longtemps la marchandise.

A plus forte raison y aura-t-il pénurie dans les temps de mouvement extraordinaire, ainsi que l'expérience l'a constaté en 1861.

En somme, le maximum de la capacité des
magasins de la ville est de 829,000 metzen,
soit....................................... 829,000 metzen.

Le maximum de la capacité des silos, de.   474,000
                                          ____
                          Total.............. 1,303,000 metzen.

Le stock permanent moyen à Trieste étant de 935,000 metzen, l'offre dépasse la demande de 368,000 metzen ; en d'autres termes, il y a un excédant de magasins pour 368,000 metzen. En répartissant cet excédant proportionnellement à leur capacité respective, sur les magasins de la ville, et sur les silos de la compagnie, les magasins de la ville ne seraient occupés d'une manière permanente

Que par...................... 595,000 metzen.
Nos silos, que par........... 340,000
                            ─────────
            TOTAL........ 935,000 metzen.

La prévision d'un stock permanent de 285,000 metzen pour nos silos est donc également confirmée par les chiffres ci-dessus.

5. Le loyer des magasins à grains privés, varie suivant l'offre et la demande.

En temps ordinaire le loyer seul est de 1 kr. à 1 kr. et demi par star et par mois ou 15 kr. par an, manutention non comprise.

Il est nécessaire pour les préserver de remuer fréquemment les grains, et au moins une fois par mois.

Cette manutention coûte un peu plus d'un 1/2 kr. par metzen, soit 6 kr. par metzen et par an, qu'il convient d'ajouter au prix du loyer.

Le loyer de la ville, frais de remuage compris, coûte donc 21 kr. par metzen et par an.

Les locations ont lieu par termes d'un an ou de six mois, rarement de trois mois.

Le locataire risque donc quelquefois de payer pour un dépôt de 1 ou de 2 mois le loyer de 3 et 6 mois et même davantage.

III

6. Capital d'établissement des silos, intérêts du capital, amortissement des installations mécaniques et dépenses d'entretien. — 7. Prix de revient du loyer. — 8. Tarif des loyers dans les silos.

6. Le capital engagé dans les silos s'élève à ce jour à environ 750,000 florins, dont 95,000 pour les installations mécaniques.

Les charges de ce capital d'établissement sont de :

Intérêts à 6 °/₀ sur 750,000 florins, capital
d'établissement.......................... 45,000 florins.
Amortissement à 10 °/₀ de 95,000 florins,
installations mécaniques.................. 9,500
Dépenses d'entretien...................... 1,500

            SOIT........... 56,000 florins.

7. Le metzen de grains déposé dans les silos reviendrait donc à 12 kr. par an, en supposant que le magasin fût complétement occupé, et à 19 kr. par an, si le stock permanent n'est que de 285,000 metzen.

Les prix comprennent non-seulement le loyer, mais encore le remuage du blé qui s'opère dans nos silos par la voie toute naturelle du courant d'air.

Les prix du loyer des magasins privés étant de 21 kr. par metzen et par an, notre prix de revient le plus élevé étant de 19 kr. par metzen et par an il en résulte une différence de 2 kr. en faveur de nos silos.

8. Le tarif des silos, quant aux loyers, devant offrir des avantages de délai et de prix, il conviendra de fixer

1° Les délais ou termes de magasinage, comme suit :

    De 1 à 15 jours
    De 15 jours à 1 mois
    De 3 mois
    De 6 mois
    De 1 an.

2° Les loyers comme suit :

20 kr. par metzen et par an pour une location à l'année d'au moins 25 silos, soit fl. 200 par silo.

21 kr. par metzen et par an pour une location d'au moins 25 silos à 6 mois, soit fl. 105 par silo et semestre.

22 kr. par metzen et par an pour une location d'au moins 25 silos à 3 mois, soit fl. 55 par silo et trimestre.

24 kr. par metzen et par an pour les locations de 15 à 30 jours et de 1 à 15 jours, soit 1 kr. par période de 1 à 15 jours.

        2 kr.   »   15 jours à 1 mois.

Comparé au prix ordinaire du loyer des magasins privés à Trieste, le tarif proposé offrira, tout en laissant une marge convenable à la compagnie, un avantage réel au public, particulièrement pour les dépôts à court terme.

IV

9. Opérations auxquelles les grains donnent lieu suivant leur provenance. — 10. Coût de la manutention à l'entrée ou à la sortie des greniers de la ville. — 11. Manutention dans les silos et dépenses d'exploitation. — 12. Prix de revient de la manutention. — 13. Tarif de manutention. — 14. Différence entre le tarif de manutention de la ville et celui des silos. — 15. Règlement relatif aux magasins à silos.

9. Bien que nos silos n'aient été établis qu'en vue de l'entrepôt des grains arrivant par voie ferrée, la convenance d'occuper constamment nos silos nous amène à prévoir encore d'autres arrivages :

A. A l'entrée, les grains peuvent donc arriver :

1° Par chemin de fer pour aller aux silos ou aux greniers de la ville ;

2° Par mer, pour suivre les mêmes destinations.

B. A la sortie les grains peuvent partir :

1° Des silos ou des greniers de la ville au chemin de fer ;

2° Des silos de la ville à bord d'un navire.

Les grains destinés aux greniers de la ville ou qui en partent subissent dans tous les cas deux transbordements, le camionnage, et le transport à dos d'homme.

Les silos ne donnent lieu qu'à deux opérations à l'entrée comme à la sortie : 1° l'une manuelle consistant à ouvrir ou à fermer, à vider ou à remplir les sacs ; 2° la seconde mécanique, consistant à canaliser les grains dans les silos, par le travail de la machine.

10. Les frais auxquels ces diverses opérations donnent lieu en ville s'élèvent à :

7 kr. par metzen du chemin de fer aux greniers de la ville et *vice versa.*

5 kr. et demi par metzen de la mer aux greniers de la ville et *vice versa.*

Nous établirons plus loin la comparaison entre ces prix et ceux qui résultent dans les cas analogues de l'usage de nos silos.

11. Bien que les essais faits dans nos silos aient été satisfaisants, nous ne pensons pas qu'ils soient assez concluants, pour servir de base définitive : l'expérience nous le révélera mieux.

Toutefois, il a été constaté que la machine fixe des silos (30 chevaux) est en état de canaliser 24,000 metzen de blé en 10 heures.

Ce chiffre peut être doublé et porté à 48,000 metzen, si un concours de circonstances favorables permet le travail simultané à l'entrée comme à la sortie, c'est-à-dire s'il y a en même temps 24,000 metzen à faire passer dans un compartiment donné et 24,000 metzen à faire sortir d'un compartiment donné.

Ces chiffres constituent dans tous les cas des exceptions, car le mécanisme pourra rarement être alimenté d'une manière continue : la manutention des wagons, la vidange et l'emplissage des sacs occasionnant des arrêts forcés.

En admettant comme travail normal maximum en 10 heures le chiffre de 12,000 metzen, soit la charge de 2 trains ou de 50 wagons, nous croyons approcher de la vérité.

Si le mécanisme ne travaille qu'à l'aide d'une seule bande, le travail minimum en 10 heures peut être évalué à 4,000 metzen.

12. Quels sont nos frais d'exploitation par journée de travail ? Les frais peuvent être évalués à :

Combustible et graissage de la machine fixe...   30 florins.
Personnel, savoir : pour le personnel classé...   12
    —   pour le personnel auxiliaire.   6
                                                    —————
                    TOTAL...................   48 florins.

Cette dépense appliquée au travail maximum de 12,000 metzen, au travail minimum de 4,000 metzen par jour, fait ressortir le prix de manutention par metzen à 0 kr. 42 dans le premier cas, 1 kr. 25 dans le second cas.

13. Les frais d'entrée ou de sortie pourraient donc être fixés comme suit :

1 kr. 25 par metzen pour 4,000 à 5,000 metzen inclusivement.
1 — »   —   —   5,100 à 7,000   —   —
» — 75   —   —   7,100 à 9,000   —   —
» — 50   —   —   9,100 et au-dessus.   —

Les quantités inférieures à 4,000 metzen apportées dans le courant d'une journée paieraient la taxe de 4,000 metzen.

En ce qui concerne les frais de vidange et de remplissage des sacs, nous adoptons les prix usuels de la place, soit 1/2 kr. par metzen.

Quant aux frais de traction aux silos des grains arrivant par mer, nous les fixons à 1 kr. par metzen.

14. Nous joignons à l'appui de ce tarif un état comparatif (annexe n° 3) des frais de manutention dans les divers cas d'entrepôt.

Il établit en faveur de nos silos une différence de :

    5 kr. 25 par metzen à l'arrivée par chemin de fer.
    1 — 75   —   —   mer.
    2 — 75 à la sortie pour prendre la voie ferrée.
    1 — »   —   —   —   de mer.

En somme, notre tarif de loyer et de manutention offre des avantages réels sur celui des magasins privés, tout en assurant à nos silos un bénéfice convenable.

D'ailleurs, ainsi que nous l'avons dit, l'expérience seule pourra nous instruire des modifications qu'il y aura lieu d'apporter à ce tarif provisoire.

15. Il en est de même du règlement ci-joint (annexe n° 3) dont les dispositions générales se justifient d'ailleurs d'elles-mêmes, et que nous n'appliquerons définitivement que lorsqu'elles auront eu la sanction de l'expérience.

ANNEXE N° 1.

RELEVÉ

DES MAGASINS A GRAINS DE TRIESTE

ET DE LEUR CAPACITÉ

LE LONG DE LA RIVA	CAPACITÉ EN STARS	DANS L'INTÉRIEUR DE LA VILLE	CAPACITÉ EN STARS
N°s 1633	14.000	N°s 1176	30.000
1712	28.000	1861	20.000
1943	20.000	1876-1885	16.000
104-103	44.000	1196	9.000
1306	19.000	1540	14.000
14	45.000	1939	14.000
1787-1788	72.000	1189	6.000
989	12.000	860	5.000
1786	28.000	1102	6.000
1307	34.000	247	6.000
1489-1030	70.000	25-105	31.500
1713	25.000	863	5.000
91-92	28.000	1153	5.000
90-41	22.000	1503	20.000
11	25.000	1873	12.000
10	39.000		
	524.000		199.500

RÉCAPITULATION

1° Le long de la Riva, pour 524,000 stars.
2° Dans l'intérieur de la
ville...................... 199,500

723,500 stars, soit 829,000 metzen.

ANNEXE Nº 3.

ÉTAT COMPARATIF DES FRAIS DE MANUTENTION

DES GRAINS EMMAGASINÉS

dans les silos	dans les greniers de la ville

A. A L'ARRIVÉE

1. Du chemin de fer dans les silos	*Du chemin de fer dans les greniers de la ville*
FRAIS	**FRAIS**
B. Le déchargement se fait par le chemin de fer qui en a touché la prime dans son tarif.	Transbordement sur camion et vidange des sacs au chemin de fer............ 1 kr. »
Vider les sacs, au maximum.............. » kr. 50	Transport jusqu'au grenier, savoir : camionnage, factage jusqu'au
Canaliser les grains dans les silos 1 25	grenier et vider les sacs. 6 »
1 kr. 75	7 kr. »

Différence en faveur des silos : **5** kr. **25**.

2. De la mer dans les silos	*De la mer dans les greniers de la ville*
Transbordement .... 1 kr. »	Transbordement et factage au grenier........... 5 kr. »
Traction par les rampes de chemin de fer........ 1	
Vider les sacs .... » 50	Vider les sacs .... » 50
Canaliser les grains dans les silos........... 1 25	
3 kr. 75	5 kr. 50

Différence en faveur des silos : **1** kr. **75**.

B. A LA SORTIE

3. Des silos au chemin de fer	*Des greniers de la ville au chemin de fer*
Canalisation mécanique.. 1 kr. 25	
Mise en sac... .... » 50	Mêmes frais que sous le
Factage au chemin de fer. 2 50	nº 1............... 7 kr. »
4 kr. 25	

Différence en faveur des silos : **2** kr. **75**.

4. Des silos à la mer	*Des greniers de la ville à la mer*
Canaliser les grains.... 1 kr. 25	
Mise en sacs .... » 50	
Factage à la mer et chargement sur navire.... 2 75	Mêmes frais que sous le nº 2, savoir........... 5 kr. 50
4 kr. 50	

Différence en faveur des silos : **1** kr.

Extrait du Rapport de la Société des Chemins de fer du Sud de l'Autriche, de la Lombardie et de l'Italie centrale, du 16 mai 1865.

Le mouvement des céréales sur la ligne de Hongrie, arrêté par la disette de 1863, n'a repris quelque activité que dans les derniers jours de 1864. Les réserves considérables que la récolte de 1864 a accumulées en Hongrie, et le bas prix qui en est la conséquence, amèneront certainement, quelques mois plus tôt ou plus tard, une exportation. Nos magasins à silos de Trieste ont commencé à fonctionner. Ils ont reçu, depuis le mois de décembre dernier jusqu'à la fin de mars 1865, une quantité totale de 350,000 hectolitres. Le commerce s'en montre très-satisfait, et il est hors de doute que ces nouvelles installations auront, sur le mouvement du commerce des blés à Trieste, une influence très-avantageuse.

III

Vienne, le 14 mars 1865.

Monsieur,

Vous m'avez fait l'honneur de m'écrire pour me demander des renseignements sur les silos établis à Trieste, par la Compagnie des chemins de fer du Sud.

Ces silos fonctionnent bien et l'on en est généralement content. Le commerce, qui avait d'abord montré de la répugnance à en faire usage, parce qu'il fallait modifier d'anciennes habitudes prises et qu'on y voyait une concurrence aux magasins particuliers de la ville, les a aujourd'hui complétement adoptés.

La dépense de construction ne peut servir de règle pour des établissements semblables qu'on voudrait faire aujourd'hui, en raison des circonstances particulières de fondations et des prix des travaux en fer du pays.

Quant au tarif de locations à percevoir, il n'est pas encore définitivement fixé. Nous avons dû donner à très-bon marché et pour un temps assez long les premiers silos qui ont été occupés, afin de décider le commerce à s'en servir. Ces prix se sont relevés à mesure que les contrats expirent et suivant les besoins de la place.

En définitive, la capacité totale des silos est de 291,313 hectolitres.

Dans la période du 1er octobre 1864 au 31 décembre 1865, il est entré.................................... 1,005,462 hectolitres.
et sorti...................................   798,819   —

d'où un stock, au 1er janvier 1866, de...   206,643   —

Les dépenses d'exploitation, dans la même période, ont de :

PERSONNEL

1 Chef de magasin..................		
1 Comptable........................	8,859 fr.	23
1 Mécanicien		
3 Garde-magasin		
Main-d'œuvre.......................	16,391	05
Frais de machine : combustible, graisse, etc., et entretien.........	19,772	90
Frais de réparation des silos......	2,029	53
TOTAL..............	47,052 fr.	71

Je désire, Monsieur, que ces renseignements puissent vous satisfaire. Quelques améliorations seront encore sans doute à faire dans les installations pour faciliter le service et obvier à certains inconvénients qui ont été reconnus, mais on peut, dès aujourd'hui, regarder le succès comme assuré.

Veuillez agréer, Monsieur, l'assurance de mes sentiments les plus distingués.

Le Directeur général,

(Signé) TOSTAIN.

Monsieur A. Decaux,
        Londres.

IV

Traduction d'une lettre adressée au Times et insérée dans le numéro de ce journal du 13 septembre 1866

Compagnie du Grenier ventilateur patenté
    Limited, N° 16, Corn Exchange Chambers Seothing Lane.

Londres, 12 septembre 1866.

Monsieur,

Il peut être intéressant pour vos lecteurs de savoir que le système de grenier, si parfaitement décrit par le correspondant militaire du *Times* à Vérone, dans votre numéro du 11 courant existe à Londres sur une grande échelle.

M. Alexandre Devaux, banquier, 62, King William-Street (qui n'est pas Belge comme le dit votre correspondant, mais bien

Français), en est l'inventeur. Le brevet pour le Royaume-Uni a été cédé à cette compagnie qui a fait construire à Canada (Woharf-Retherhite) un grenier qui contient à peu près 50,000 quarters et qui, selon toutes probabilités, va être considérablement augmenté.

Cette invention offrira sans aucun doute un grand avantage aux commerçants en grains ainsi qu'au public en général.

Depuis sa mise en activité, en juin 1865, le grenier a donné les preuves de ce qu'il vaut en ramenant en bonne condition, sous très-bref délai, et avec une dépense très-modérée, des cargaisons de grains qui arrivaient échauffées après un long voyage en mer, puis, en conservant dans un excellent état les grains emmagasinés.

Ce système de grenier commence du reste à être apprécié comme il mérite de l'être. En effet, la Compagnie des chemins de fer Lombards-Vénitiens en a fait construire un il y a trois ans à Trieste, capable d'emmagasiner 100,000 quarters de blé, et qui depuis cette époque fonctionne à l'entière satisfaction de ladite Compagnie. Il est probablement le plus vaste qui existe au monde.

Le gouvernement autrichien a aussi construit, pour les besoins de l'armée, deux greniers contenant chacun 30,000 et 40,000 quarters, l'un à Bruck et l'autre à Vérone : c'est ce dernier qui a été décrit par le correspondant du *Times*. Un autre grenier de 120,000 quarters existe à Liverpool, et je puis affirmer que dans tous ces établissements la main-d'œuvre étant remplacée par la vapeur, le coût du travail est moins élevé et le travail lui-même mieux fait ; ce qui est du plus grand profit pour leurs propriétaires et pour le public.

Les directeurs seront heureux de donner à ceux de vos lecteurs qui désireraient visiter le grenier de Londres des cartes d'entrée qui leur seront adressées sur la demande qui m'en sera faite.

Je suis, monsieur, votre obéissant serviteur,

Signé : WILLIAMS GEORGE WILKINS

SECRÉTAIRE.

Paris. — Imp. de P.-A. BOURDIER et Cie, rue des Poitevins, 6.